Watercolor Painting Technique
of Architecture
and Landscape

建筑风景水彩表现技法

叶武 编著

化学工业出版社
· 北京 ·

内容简介

全书共7章内容，包括水彩画的历史及发展、建筑风景水彩画基本色彩原理、建筑风景水彩画工具与材料、建筑风景水彩表现的基本规律与技法、建筑风景水彩画常见物象的表现技法、建筑风景水彩画写生示例、建筑风景水彩画赏析。作者基于多年的创作、授课经验，精心讲解水彩表现的技巧要领，意在培养学习者严谨的建筑风景造型能力、优秀的画面意境表达水平，以提高水彩作品的趣味性、艺术性及独特性。书中有多幅精彩范例，可供临摹。

本书适用于建筑学、城乡规划、风景园林、环境设计和艺术设计等相关专业学生，以及广大水彩画爱好者学习与参考。

图书在版编目（CIP）数据

建筑风景水彩表现技法/叶武编著. —北京：化学
工业出版社，2021.2
ISBN 978-7-122-38135-4

Ⅰ.①建⋯　Ⅱ.①叶⋯　Ⅲ.①建筑画-风景画-绘
画技法　Ⅳ.①TU204.11

中国版本图书馆CIP数据核字（2020）第243437号

责任编辑：张　阳　　　　　　　　　　装帧设计：王晓宇
责任校对：王鹏飞

出版发行：化学工业出版社（北京市东城区青年湖南街13号　邮政编码100011）
印　　装：北京瑞禾彩色印刷有限公司
889mm×1194mm　1/16　印张6　字数142千字　2021年2月北京第1版第1次印刷

购书咨询：010-64518888　　　　　　　售后服务：010-64518899
网　　址：http://www.cip.com.cn
凡购买本书，如有缺损质量问题，本社销售中心负责调换。

定　　价：49.80元

当今水彩艺术创作的繁荣与文化的多元化，促进了建筑风景水彩画的普及，这不仅使得水彩在许多院校建筑类、设计类及美术类专业中作为基础课程而存在，而且在社会上的群众基础也与日俱增。究其原因，水彩作画过程的偶发性使其具有天然的优势。偶然天成的痕迹唤醒了人们与自然之间和谐共通的诗意。水彩从湿到渗透、晕化、吸收、变干的过程符合了个人情怀的表达。水彩不仅具有强大的塑造能力，同时与几千年的中国水墨文化相对接，使水彩具备了丰富与深刻的内涵。水彩画这一具备独有语言形式的画种必将长足发展。

水彩画能够激起人们对于生活与自然无限美好的向往，每位画者在自己的水彩作品中除了要表现水彩技法外，更多的是要在绘画过程中体验与表达远方与诗情。《建筑风景水彩表现技法》一书不仅意在培养学习者娴熟的水彩画技巧、严谨的建筑风景造型能力，还要求其掌握画面情感意境的表达方法，提高画面趣味性、艺术性及个性特征的表现能力。本书力求基础理论系统而全面，表现技法描述清晰而易懂。全书包括水彩画的历史及发展、建筑风景水彩画基本技法、水彩画的意境表现及赏析等内容。

书中许多范例是笔者近年来的一些习作，权且算作是对自己建筑风景水彩画研究过程的阶段性总结。书中涉及的一些学术观点为笔者一家之言，不妥之处，望各位同行和广大读者给予批评指正。笔者从事水彩教学多年，深知艺无止境，应追求尽善尽美，以传承天津大学百年名校水彩画的优良教学传统。在水彩画创作与教学这条道路上，笔者将笔耕不辍、再接再厉！在本书的编制过程中，得到了天津大学建筑学院多位老师及行业专家学者的关怀与支持，在此一并致谢！

除了阅读本书，在日常教学中，关于水彩画的一些素材资源、教案等会定期发布在微信公众号"美术与设计课"中，读者可以搜索关注、随时学习。在线直播教学平台"人人讲"中搜索"叶武老师"，里面亦有免费水彩教学视频可供大家回放观看。

叶武

2020年于天津大学

目录 /

第1章
关于水彩画

1.1　水彩画的发展历史　　　　　　　　/ 004
1.2　水彩画在中国的发展　　　　　　　/ 010

第2章
建筑风景水彩
基本色彩原理

2.1　色彩与光　　　　　　　　　　　　/ 015
2.2　色彩的三属性　　　　　　　　　　/ 016

　　2.2.1　色相　　　　　　　　　　　/ 017
　　2.2.2　明度　　　　　　　　　　　/ 017
　　2.2.3　纯度　　　　　　　　　　　/ 018

2.3　色彩混合　　　　　　　　　　　　/ 018
2.4　色彩的对比与调和　　　　　　　　/ 019

　　2.4.1　色相对比　　　　　　　　　/ 020
　　2.4.2　明度对比　　　　　　　　　/ 025
　　2.4.3　纯度对比　　　　　　　　　/ 028
　　2.4.4　色彩的调和　　　　　　　　/ 030

第3章
建筑风景水彩
画工具与材料

3.1　水彩颜料及特性　　　　　　　　　/ 031
3.2　水彩用纸及特性　　　　　　　　　/ 034

　　3.2.1　木浆纸及特性　　　　　　　/ 035
　　3.2.2　棉浆纸及特性　　　　　　　/ 036

3.3　水彩画笔及特性　　　　　　　　　/ 037
3.4　水彩画其他常备工具　　　　　　　/ 038

4.1 透视规律 / 039

4.2 构图规律 / 041

4.3 干画法 / 044

4.4 湿画法 / 045

4.5 水分与留白的运用 / 046

4.6 撒盐法 / 047

4.7 喷水法 / 048

4.8 刮色法 / 049

4.9 擦洗法 / 050

**第4章
建筑风景水彩表现的基本规律与技法**

5.1 建筑 / 051

5.2 天空和云 / 055

5.3 树木 / 057

5.4 水景 / 059

5.5 地面 / 062

**第5章
建筑风景水彩画常见物象的表现技法**

6.1 建筑风景水彩写生中的自然色彩要素 / 067

6.2 建筑风景水彩写生的三个阶段 / 069

6.3 建筑风景水彩写生步骤示例 / 072

　　6.3.1 建筑水彩写生步骤示例 / 073

　　6.3.2 风景水彩写生步骤示例 / 077

**第6章
建筑风景水彩写生示例**

**第7章
建筑风景水彩画赏析**

参考文献

第1章 关于水彩画

　　水彩画是以水为媒介来调和水溶性颜料进行作画的绘画种类，通常简称为水彩。广义上讲，水彩画的起源在东西方都有着数千年的历史，比如埃及尼罗河岸纸莎草卷轴上的细密画，就是用水调制颜料精心绘制的。在东方，以水调和研磨的颜料很早就用于佛教彩绘艺术中。中国传统绘画中的许多着色水墨、彩墨作品与水彩画有看近缘的关系。从狭义上讲，真正具有透明水彩特征的水彩画发端于德国，于18～19世纪兴盛于英国，并在英国形成完整的水彩画体系，因此英国被认为是现代水彩画的发源地。

　　水彩画兼具东西方绘画表现手法，既能表现西方绘画传统所强调的体积、光色的变化（图1-1），又兼具中国绘画中的笔墨水韵（图1-2）。

　　水彩画的题材广泛，既可以表现建筑、风景，也可以表现人物、动物、静物等。水彩画具有意象、抽象或写实等风格。它不仅是独具艺术价值的作品形式，又因其所使用的工具简单、实用、携带方便、表现快速，又有着很强的设计效果表现力，被广泛应用于建筑设计、景观设计、工业产品造型设计、服装设计等艺术设计表现领域，尤其是建筑领域常常以水彩表现效果图来体现已有建筑或预想建筑（图1-3）。

图 1-1

图 1-2

图 1-3

1.1 水彩画的发展历史

　　水彩画是人类历史上最古老的绘画。以水为媒介，调和矿物、植物颜料用于记录生活、表达情感的方式可追溯到远古时期，只是这种表达方式随着时间的推移、人类文明的进步逐步开始细分为多种方式。可以说在人类文明发展的各个时期都可以发现这种艺术活动存在的印迹，如不同地区的岩画、壁画、中国水墨画等。水彩画自文艺复兴时期，至18世纪于英国快速发展，遂成水彩画理论体系。到了近代，水彩这一独特的艺术形式已广为传播到世界各地.并与当地的本土艺术相融合，丰富、发展了水彩画的阵容和体系。

　　中世纪初的欧洲人以水为媒介剂调和颜料在草纸上作画，也曾使用类似的方法绘制祭祀的手抄经本里的插图。14世纪欧洲已开始用水墨单彩的形式在佛罗伦萨教堂里起壁画稿。美术史学家们认为这是水彩画的初级阶段，还不能完全体现水彩画中"水"和"彩"的特点，因此还不能算是完全意义上的水彩画。

　　具有现代水彩画创作意义的作品应从15世纪末、16世纪初德国巨匠阿尔布雷特·丢勒（Albrecht Dürer，1471—1528年）的水彩作品算起，他是最早用水彩画方式来描绘自然风景，并吸收欧洲传统水墨技巧而描绘出较完整的水彩画表现形态的画家。他以虔诚的态度来感悟和表现千姿百态的自然景物，留下了一批以植物、风景、动物为题材的水彩画传世佳作。他提出："真的艺术包含在自然之中，谁能发掘它，谁就能掌握它。"他强调用色彩来塑造形体，画风严谨精细、工整，并略施粉质。他的许多作品已成为水彩艺术的典范。1502年，丢勒创作出了世界上第一幅水彩画作品《野兔》（图1-4）。丢勒的主要传世作品还有建筑风景水彩《阿尔卑斯山》《大草坪》（图1-5）等。

　　在丢勒以后150年左右的17世纪，羽笔淡彩在欧洲才开始流传，因为轻便迅捷，开始由许多女画家提倡。直至18世纪，地志学和制图术的发展给英国水彩画带来了腾飞的契机。19世纪中叶以后，水彩画得到了迅猛发展，使之真正成为独立的画种。虽然欧洲不少国家和地区的画家们很早就用水彩进行绘画，但是水彩画真正成为独立画种，主要是通过英国画家们的努力来完成的，因此英国也被称为水彩画的发源地。英国较早的水彩画，主要是在地形景物测绘方面的实际应用，以适应科学研究、航海、军事需要为目的而逐步发展（图1-6），由此可以断定真正意义上的水彩始于对建筑与风景的描绘与测量。

　　水彩画取得深入发展，始于18世纪的英国。当时英国的水彩画坛可分为写实与浪漫两大派。写实派的代表当推保尔·桑德比，他在英国绘画史上是第一个用水彩作画的，被誉为"水彩画之父"。他的画法是在描画好的草图上再着水彩色，而且还喜欢在风景画上加些人物，使之显得更生动，更富有生活气息。在色彩运用上，他利用水彩、水粉的性能，根据所表现题材景色的需要，赋予建筑风景水彩画以阳光、空气，突破了早期英国水彩画多以墨笔淡彩或钢笔淡彩的简单描绘，也摒弃了仅利用复杂明度变化在灰调的蓝赭变

图 1-4

图 1-5

图1-6

化中造成对比塑造环境空间而色彩简单、无光影色彩对照的技法。建筑风景水彩画《阳台上的温莎城堡》（图1-7）是桑德比的代表作之一。

而浪漫派则以柯岑斯（1752—1797年）开其端倪。具有独特诗意的创作风格，以大胆的想象力纳入画面中。在他的作品中，阳光和天空被描绘得极富浪漫的戏剧性效果，他的阿尔卑斯山的水彩风景画充满动人的神秘气氛（图1-8）。

图1-7

图 1-8

18世纪末的透纳、托马斯·格廷和博宁顿把英国建筑风景水彩画艺术推向了顶峰，对色彩、水分、光线的大胆尝试使他们成为杰出的水彩画艺术大师。其中，贡献最大的当属透纳（1775—1851年），其毕生创作的水彩作品达到2万幅之多。他的直接画法使水彩画艺术达到了新的高度。他在光线、色彩、空气、动感的研究方面取得了突破性进展，构成了气势磅礴和朦胧虚幻的独特画风，他还成功尝试了湿画法、吸除法、刮擦法和偶然性效果等各类技法（图1-9、图1-10）。

水彩画在19世纪的法国也出现过鼎盛时期，如柯罗（1796—1875年）、雷诺阿（1841—1919年）及后期印象派画家凡·高（1853—1890年）、高更（1848—1903年）和塞尚（1839—1906年）等绘画大师都有过水彩画传世。

20世纪以来，美国水彩画家善于吸收他国经验，并创造出富有美国特色的充满创造力的水彩画。由于是移民国家，来自世界各地的各种新技法突破欧洲传统水彩画的陈规，融会本土现代艺术观念，结合新材料、新技法，赋予水彩画崭新的面貌及全新的视觉效果，形成了美国水彩艺术的多元格局。其名家层出不穷，如杰出的水彩画画家安德鲁·怀斯（图1-11、图1-12）和法兰克·韦伯（图1-13）等，在这一时期都创作了许多优秀的建筑风景水彩画作品。

第1章 关于水彩画 **007**

图1-9

图1-10

图 1-11

图 1-12

图 1-13

1.2 水彩画在中国的发展

　　以水为媒剂的绘画在中国早已产生，如敦煌壁画大多是以水媒剂的颜料完成的作品，我国古代以设色为主的没骨花鸟画、浅绛山水画，可以说既是国画也是水彩画。因此，中国画家在驾驭"水"的方面有着天生的悟性与灵感。如唐代画家王维（701—761年）的山水风景画，以墨的浓淡渲染而成，"破墨法"便是他利用水墨相互渗透的特点创造的。王维的《江干雪霁图》（图1-14）中的建筑不再规整繁复，山石线条轻松，没有了着色渲染，但墨色的浓淡给观者更多色彩想象的空间，整幅作品笔法凝练轻松。

　　宋朝的米芾（1051—1107年）创造了水墨没骨画法"米点皴"。画风景山水多用水墨点染，不拘形色勾皴，自谓"信笔作之，多以烟云掩映树石，意似便已"，充分表现了水

图 1-14

图 1-15

墨融合、墨色晕染的效果，如《云起楼图》(图1-15)，形成了含蓄、空蒙的神韵。从明清至近代，徐渭（1521—1593年）、石涛（1642—1718年）直至吴昌硕（1844—1927年）诸家丰富的画作，使水墨画达到了新的高峰。水墨画与水彩画都以水为媒介调和颜料作画，但水墨画以墨为主，颜料多用粉质的石青和石绿等少量色彩。两者最大的区别是，水墨画与水彩画分属于两个不同文化背景的绘画体系，水墨画讲究以形写神，注重"迁想妙得"；水彩画则重在表现体积与光色的变化。

　　西方水彩画的理念传入我国自清朝始，可追溯为三个途径。一是欧洲水彩画家传授水彩画技艺。如1723年意大利画家郎世宁（1688—1766年）来我国传授水彩画技法。二是日本画家传授水彩画技艺。如1902年（光绪二十八年）南京两江师范学堂（今南京师范大学）聘请外籍盐见竟等人教授水彩画。三是一大批中国画家留学欧洲和日本等国，学习西洋画并带回了水彩画理论和技法。一批水彩画著作和作品相继问世，直接影响了中国水彩画的发展。如任伯年、虚谷、吴昌硕等，他们的作品开始讲究墨彩结合的韵味，从中可以看出西方水彩画对其作品的影响。图1-16所示为任伯年作品。

图1-16

图1-17

　　20世纪五六十年代，我国涌现出一批优秀水彩画家和作品。1954年8月，中国美术家协会在北京举办了第一届全国水彩、速写展览，为新中国的水彩画研究开拓了崭新局面。20世纪80年代以来，中国水彩画进入了新的历史时期。1999年的第九届全国美展，水彩画首次作为一个独立画种单独列出展区展出，成为中国美术展览中与国画、油画、版画、雕塑相提并论的画种，堪称我国水彩画空前发展的标志。如今，水彩画这个世界性的大画种逐渐被我国各类美术、艺术设计及建筑类院校列为色彩画基础重点教学科目，图为笔者的作品（图1-17）。有的院校还从本科到博士增设了水彩画专业学科。

　　当今正是水彩画飞速发展的黄金时期，可谓百花齐放、百家争鸣，建筑风景水彩画的创作内容也在不断地更新。在新的时代和文化背景中，水彩画家们不断地为作品注入新的思想和精神内涵，折射出当代社会的精神和气息、当代人的心态和风貌。

第2章 / 建筑风景水彩基本色彩原理

自然界的一切都是以色彩面貌出现的，其中既包括绿水青山、霞光彩虹的自然风景色彩；也包括山村民居、城市建筑的人工色彩。初学建筑风景水彩画写生要逐步提升感知色彩的能力，就应该首先掌握色彩原理的基本知识。

2.1 色彩与光

色彩是能够让人们知觉到物体存在的最基本视觉的因素。我们要建立一种观念：如果要了解色彩、认识色彩，便要用心去感受生活，留意生活中的色彩。

我们看到的色彩，实际上是以光为媒介的一种感觉，当光线照射到物体上之后，会使人的视觉神经受到刺激，从而感受到色的存在。一切视觉活动都必须依赖于光的存在，没有光就不会出现色彩。

图 2–1

英国物理学家牛顿在1666年进行了著名的光的色散与光的合成实验，发现太阳光透过三棱镜可以产生赤、橙、黄、绿、青、蓝、紫色光。复色光进入棱镜后，由于各种频率的光具有不同的折射率，因此色光的传播方向会有不同程度的偏折，复色光透过棱镜时会按一定顺序排列，形成光谱（图2-1）。

⨀ 2.2 色彩的三属性

一种色彩与另一种色彩的区别就是由色彩的三属性决定的。色相（Hue）、纯度（Saturation）和明度（Brightness）是色彩的三属性（又称三要素或三特征），主要用于描述色彩的三种基本特性。色彩的三属性中任何一个要素的改变都将会影响到原色彩的面貌和性质，并引起另外两个要素的改变。

2.2.1　色相

色相（又称色别）是色彩的第一属性，指色彩所呈现的相貌，能够比较确切地表示某种色彩色别，通常以色彩的名称来体现，如红、橙、蓝等。色相是色彩的最大特征，是一种色彩区别于另一种色彩的表象特征。色彩学家认为，世界上有多少种物体，就有多少种色相，现已发现了大约32000多种不同的色相。

2.2.2　明度

明度（又称灰度、光度）是色彩的第二属性，指色彩深浅明暗的程度，是眼睛对光源和物体表面明暗程度的视觉体验。明度取决于物体被照明的程度和物体表面的反射系数。无彩色系中，白色明度最高，黑色明度最低。有彩色系中黄色的明度最高，蓝紫色的明度最低。总的来说，亮色明度高，暗色明度低（图2-2）。色彩的明度由浅至深划分成9个等级：高明度三级、中明度三级、低明度三级。

图2-2

2.2.3　纯度

纯度（又称饱和度、彩度）是色彩的第三属性，指色彩的鲜艳程度。原色最纯，颜色混合得越多则纯度越低。纯度取决于该色中含色成分和消色（灰色）成分的比例。含色成分越多，饱和度越大；灰色成分越多，饱和度越小。

光谱色是纯度最高的颜色，为极限纯度。我们使用的颜料，其纯度远低于光谱色，颜料混合的次数越多纯度越低。人们视觉所感受的色彩区域，基本上是非高纯度的色彩，正因如此，大自然的色彩才显得丰富多彩。

十二色相环的色彩是高纯度的饱和色。加水冲淡、加白而变浅的色彩纯度减弱，称为不饱和色彩。加入浓浊的色彩后纯度降低，是过饱和色彩。

2.3　色彩混合

色彩的混合可分为加色混合、减色混合和中间混合三种。

加色混合：指色光的混合，两种以上的光混合在一起，光亮度会提高，混合色光的总亮度等于相混各色光亮度之和。它的特性是色彩越混合，明亮度越高，越接近白色。在色光混合中，色光三原色是朱红、翠绿、蓝紫（图2-3）。加色混合由于是在色光混合时增加光量，所以加色混合（色光混合）又称正混合、加光混合或加法混合。

减色混合：包括色料混合和透光混合，主要是指色料的混合，水彩画颜料混合后具有明显的减光效果。减色混合后的色彩，色相发生变化，纯度和明度也会降低，混合的颜色越多，色彩越暗浊，最后接近于黑灰色。色料三原色为红（品红）、黄（柠檬黄）、青（湖蓝），用减色混合法可得到：红+黄=橙，青+黄=绿，青+红=紫，红+青+黄=黑。同样，改变三原色不同的混合比例，可得到其他更丰富的颜色（图2-4）。

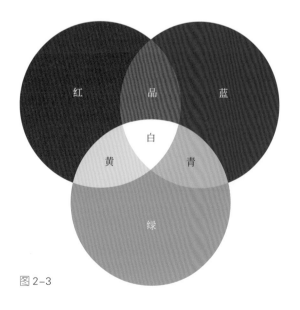

图2-3

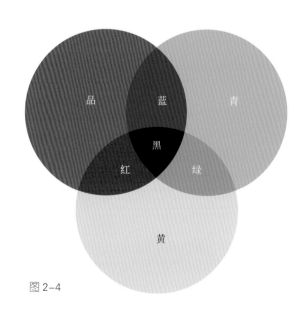

图2-4

中间混合：主要有色盘旋转混合与空间视觉混合。色盘旋转混合是把不同颜料涂在圆盘上在旋转之际呈现的新色。例如把红、橙、黄、绿、蓝、紫等色料等量地涂在圆盘上，旋转之际呈浅灰色。空间视觉混合指经过一定的距离多种色彩也会合成一种新的色彩，并且混出的色彩更鲜亮。印象派就遵循这个规律，创作了不少点彩绘画作品。在建筑风景水彩中如果利用空间视觉混合，会使画面的色彩更加响亮，使阳光感和空气感均表现得更出色。

2.4 色彩的对比与调和

　　画面中多种色彩组合的总体倾向就是色调，每个局部的色彩都归属于这个基本调子。色彩的对比基于色彩之间存在的差异。各种色彩在构图中的面积、形状、位置和色相、纯度、明度以及心理刺激的差别构成了色彩之间的对比。色彩的对比和调和是互为依存的矛盾的两个方面。

　　画面的色调处理以客观条件为主要依据，但必须经过画家去组织、去强调，使之明朗化。一般规律是运用色彩的同类色、邻近色容易产生统一的色调。和构图一样，画面色调的灵活处理与掌握，与画家的个性心理及其知识面的深度、广度有着密切的关系，属于艺术领域中更高层次的问题。

　　当两种以上的色彩放在一起时产生较清晰的差别，从而产生对比效果（图2-5）。

图2-5

色彩之间的对比可体现在色彩的形状、面积、位置、色相、明度、纯度等方面，差异越大，对比越强烈，当我们减小这种差异而使对比变缓和时就达到了色彩的调和。色彩的对比是绝对的，色彩的调和则是相对的，它们互相排斥又相互依存，对比太强过于刺激，色彩太调和了则显平淡。因此，处理好色彩的对比与调和的关系是组织好色彩使其产生美感的关键。

色彩对比从色彩的性质来分有色相对比、明度对比、纯度对比；从色彩的形象来分有形状、位置、面积、肌理、虚实等对比；从色彩的心理与生理效应来分有冷暖、轻重、进退、动静、胀缩等对比；从对比色的数量来分有双色、多色、色组和色调等对比。下面仅从色彩性质来分析色彩的对比与调和。

2.4.1　色相对比

色相对比是由色相差别造成的对比，色相在色相环上距离与角度的大小可体现色相对比关系的强弱，我们可为任何一个基色在色相对比上找到邻近色、类似色、中差色、对比色与互补色等。

（1）邻近色对比

邻近色在色相环上与基色相接，其色相差异很小，是最微弱的色相对比。邻近色配合容易让人感觉单调，对比的方法为：可拉开明度、纯度的对比，使色彩之间循序渐进，以弥补同色调和的单调感和色相感的不足（图2-6）。

（2）类似色对比

类似色是在色环上间隔15°左右的色彩，如红与紫、紫与蓝等。类似色比邻近色的对比效果要明显些，它统一柔和，又单纯明确。类似色的调和主要靠类似色之间的共同色来产生作用，但也要在明度或纯度上体现变化，避免单调（图2-7）。

图 2-6

图 2-7

（3）中差色对比

中差色是在色相环上间隔60°~120°左右的色彩。如黄与红、蓝与绿、蓝与红。因色相间差异比较明确，所以中差色对比明快，对比效果介于类似色与对比色之间（图2-8）。

（4）对比色对比

对比色是在色相环上间隔120°~170°左右的色彩。对比色具有饱和华丽、活跃欢快的感情特点，色彩对比效果鲜明而强烈，容易使人兴奋激动，也易产生不和谐感。调和方法有很多，例如选用一种对比色将其纯度提高或降低另一种对比色的纯度；在一方对比色中混入另一方对比色；在对比色之间插入分割色（金、银、黑、白、灰等）；采用双方面积大小不同的处理方法，都可以达到对比中的调和（图2-9）。

（5）互补色对比

互补色是色相环中间隔180°的两色，其色相对比最强。它实际上是一种原色与其余两种原色产生的间色的对比关系，一般只有红与绿、黄与紫、蓝与橙三对。互补色对比强烈，极具视觉冲击力，但处理不当极易造成炫目刺激、生硬杂乱等问题（图2-10）。

图 2-8

第 2 章　建筑风景水彩基本色彩原理　**023**

图 2-9

图 2-10

2.4.2　明度对比

　　明度对比是指色彩深浅明暗程度的对比。色彩的明度对比包括同一种色之间的明度差，和不同色之间的明度差两个概念（图2-11）。

　　低明度色彩的面积占画面面积70%左右构成**低明度调**。低明度调适于表现以沉静厚重、强硬刚毅、神秘黑暗等特征为基调的绘画作品（图2-12）。

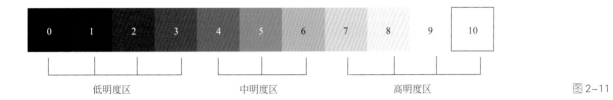

| 0 | 1 | 2 | 3 | 4 | 5 | 6 | 7 | 8 | 9 | 10 |

　　　低明度区　　　　　　中明度区　　　　　　高明度区　　　　　　　图2-11

图2-12

图 2-13

　　中明度色彩的面积占画面面积70%左右时构成**中明度调**。中明度调，给人以柔和稳定、朴素庄重的感觉。但运用不好也可能造成呆板无聊的效果（图2-13）。

　　高明度色彩的面积占画面面积70%左右时构成**高明度调**。高明度调给人以优雅明亮的感觉，容易营造轻快柔软、明朗纯洁的效果（图2-14）。但应用不当会使人有疲劳冷淡的感受。

　　色彩间明度差别的大小，决定明度对比的强弱。明度对比弱给人的感受是体积感弱、平面感强，适合表现不明朗和模糊含混的效果。明度对比强时，给人的感受是光感强、体积感强、形象清晰锐利，但处理不好则易显得生硬空洞。

图 2-14

2.4.3 纯度对比

纯度对比是指不同纯度的色彩并置在一起产生色彩鲜艳程度的对比，它是色彩对比的一个重要方面。纯度对比可以给画面带来高雅或通俗、古朴或华丽、夺目或含蓄的不同感受。色彩纯度对比的强弱程度取决于色彩在纯度等差色标上的距离，距离越长对比越强，反之则对比越弱。

高纯度色彩的面积占画面面积70%左右时构成高纯度基调，即**鲜调**。高纯度基调适于表现积极热烈、膨胀外向、热闹活泼的绘画作品（图2-15）。

中纯度色彩的面积占画面面积70%左右时构成中纯度基调，即**中调**。中纯度基调使人感受到稳重、中庸、文雅的色彩氛围（图2-16）。

低纯度色彩的面积占画面面积70%左右时构成低纯度基调，即**灰调**。低纯度基调适于表现悲观消极、内向无力、内敛深沉的绘画作品（图2-17）。

图2-15

图 2-16

图 2-17

2.4.4　色彩的调和

　　当不同的色彩搭配在一起时，每个色彩的彩度、明度都会对整体的最终效果产生作用。和谐就是美，和谐来自对比，没有对比就没有刺激神经兴奋的因素，但只有兴奋会造成精神的紧张，所以调和也就成了必要手段。概括来说，色彩的对比是绝对的，调和是相对的，对比是目的，调和是手段（图2-18）。

图2-18

建筑风景水彩画所用的工具与材料，有以下几种：颜料、画纸、画笔、调色盒、画板、橡皮、洗笔壶、画凳、画架，等等。各种工具有各自的用途和性能。

3.1 水彩颜料及特性

绘制水彩画使用的颜料有矿物颜料、植物颜料，还有的以化合物作为原料，再加入甘油、桃胶等调制而成。对于以相同或相近色素制成的颜料，不同的制造商对其命名有所不同（即颜料名称不尽相同）（图3-1）。

水彩颜料的特色是遮盖力低（水彩画家称之为透明），有更大的自由可以分层上色。实际上在绘画过程中，透明意味着当在深色画面上涂画浅色颜料时，基本上显现不出来浅色颜料的色相。因此一般画面先用浅色颜料再用深色颜料。关于颜料上的标示，大多数高

图 3-1

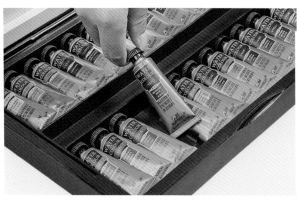

图 3-2

注:

1. 矿物质颜料,由于是从矿物中提取,颗粒较硬,重量大,耐光度较好,但吸附性较差。

2. 有两个影响耐晒度的主要因素:密度和反射率。一般矿物质提取的颜料,密度大,耐光度普遍高;化学有机的颜料,反射率高的颜色(较鲜艳的颜色),普遍耐光度低(比如玫红色)。

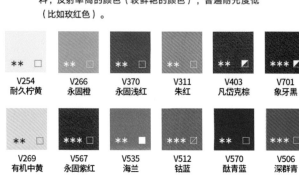

图 3-3

级别颜料上都会标上透明度、色素号和耐光度等信息（图3-2）。

水彩颜料中有一些无机颜料，是有色金属的氧化物，或不溶性的重金属盐。无机颜料耐晒、耐热性好，遮盖力也强，包括铁红色、铜棕色、铬黄色等，还有天然无机颜料，如朱砂、红土、雄黄等。其中，金属色系越鲜亮越纯的颜色品质也比较好，用金属色入水彩画面时颇有特色（图3-3）。

水彩颜料既有膏体管装的，也有呈凝固干燥状固体的（图3-4）。管装水彩能更方便地满足绘画时的色彩用量需求，色彩相互之间的调和比较容易，目前仍然是主要的水彩颜料。但管装颜料稳定性不如固体颜料，时间长了会在管中脱胶。固体水彩颜料中胶和色粉混合均匀且不容易分离，颜料的纯度和色相都很稳定，透明度也好，而且干燥后用其他颜色覆盖时会呈现完美的透叠效果，这

图 3-4

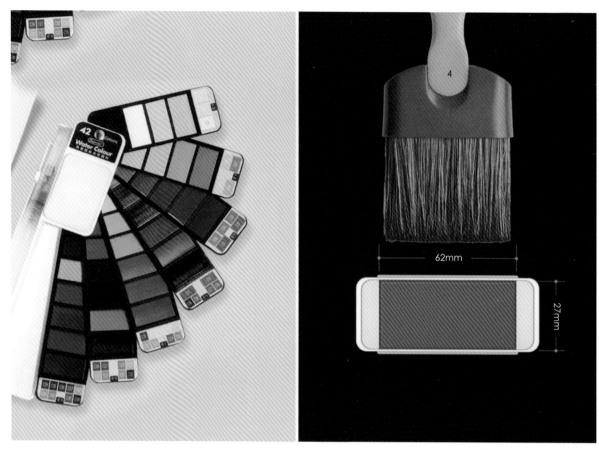

图 3-5

些都和颜料的色粉和胶有一定关系，但一般固体水彩也贵一些。从实用角度来看，在建筑风景水彩画的外出写生中，固体水彩携带、使用比较方便，非常适合外出短时间写生或者小幅作品速写。固体水彩颜料既有袖珍型的，也有配合大板刷画笔使用的"大块头"颜料（图3-5）。

3.2 水彩用纸及特性

水彩画纸是专门供绘制水彩画用的一种绘画纸。水彩画专用画纸可以按照不同分类方法进行分类。如按制造方式来分，可分为手工纸和机器制造纸。如按纸本色来分类有白色及其他各种有色水彩纸。如依制纹理来分有细纹、中粗纹、粗纹（图3-6）。画建筑风景水彩画时，因粗纹纸表面粗糙，更显纹理感，一般适合写实风格的建筑风景；细纹纸表面细腻光滑，一般适合画相对细腻的画。对于水彩画纸的纸张特性，经常要考虑的有材质、纹理、克数几个指标。

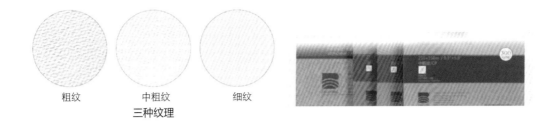

图 3-6

粗纹　　　中粗纹　　　细纹
三种纹理

① 材质：有木浆、棉浆、棉木混合等材质。

② 纹理：按纹理粗糙程度可以分为粗纹、中粗纹、细纹。

③ 克数：简单地说就是纸的厚度，常见的有200克、300克、500克等。

3.2.1　木浆纸及特性

木浆纸表面上看起来颜色比较白，纸质坚韧、光滑，用它来画建筑风景水彩画时，吸水性明显较弱，画上去之后水会在纸面上存一会，干得比较慢，这个特点使得在木浆纸上可以制作水彩的某些特殊肌理，比如湿画法的某些混色、某些水渍特效，还有水彩特有的水痕等。木浆纸的光滑也赋予了其易擦洗，同时更容易被擦出底色白的特点（图3-7）。木浆纸通常比棉浆纸价格便宜一些。

木浆纸画上去干得慢

木浆纸更容易被擦出底色白

棉浆纸不容易留下水痕

棉浆纸画上去就不容易再洗掉

图 3-7

3.2.2 棉浆纸及特性

　　棉浆纸看起来有一点点暖白色，视觉上有点绒绒的感觉，画起来吸水性明显强，湿画混色时容易控制颜色的位置，显色性好。因为水分被迅速吸掉了，所以不容易留下水痕；画上层时一般不会把下层搅起来，特别适合罩染画法。棉浆能牢牢地把颜料颗粒抓住，所以画上去之后就不那么容易被洗掉。用棉浆纸画水彩，运笔时阻力较大，不容易手滑，适用于写实的水彩画，画建筑风景题材可以像油画一样深入表现光影、色彩和质感。

　　水彩画纸还有水彩本形式的，可分为单面封胶和四面封胶的，都是水彩纸采用冷压（热压）胶封装的。单面封胶也就是单面封装，使用时便于一页一页地翻动。四面封胶就是四面封装，一般更容易防纸皱，用完一张用裁纸刀沿着纸的厚度细心划开即可，然后继续使用下一张。四面封胶的水彩纸本省去了裱纸的麻烦，而且底部托有硬纸板，使用更方便些（图3-8）。

四面封胶
纸张不易脱胶

有效阻挡潮湿空气损伤纸张

底部托有硬板纸，
方便外出写生携带

省去裱纸的麻烦

图3-8

3.3 水彩画笔及特性

　　在画建筑风景水彩画时所使用的毛笔和笔刷，大致分为软毛和硬毛两种。软毛画笔的毛发比较柔软细致，比如软毛画笔中的羊毫、松鼠毛画笔，在画建筑风景水彩画时，大多用在天空、水面和其他大面积的景物上。硬毛画笔则比较粗硬，比如狼毫、猪鬃毛和尼龙画笔。

　　中国的大白云、七紫三羊、松鼠毛画笔（图3-9）也是非常适合进行水彩画创作的。软毛笔湿润后具有一定的弹性，毛发带有微弱的波浪弯曲，能储存大量的水色。

中国的大白云、七紫三羊

松鼠毛画笔

图3-9

3.4 水彩画其他常备工具

① 盛水器。作画时装水洗笔用，也可用水杯、各类罐子代替。

② 留白胶。留白胶是干燥后可以涂擦去的特殊液体，通常会将不上色的部分先涂抹上留白胶。

③ 定画液。紫外线会使颜料褪色或画纸变黄，喷涂上定画液后，可以起到防氧化作用，能延长画稿的保存时间。

④ 喷壶。使用喷雾细腻均匀的喷壶工具，上色之前或作画过程中湿润纸张，增添水色交融的质感。

⑤ 镊子。作画过程中笔上常常掉落一根或几根笔毛，可用镊子夹起纸上的笔毛，保护颜料的涂覆效果。

⑥ 画架。主要在户外写生时使用。画架选择可以调整角度的很重要。

陈此之外，还要准备纸胶带、美纹纸、美工刀、海绵、画凳、遮掩伞等工具。

第 4 章 / 建筑风景水彩表现的基本规律与技法

学习建筑风景水彩表现不仅是一种色彩训练手段，更重要的是从中感受体会、发现表达出建筑风景中的自然美。同时，对建筑风景水彩表现的学习，既可以了解色彩知识、陶冶艺术情操，也将对未来从事绘画创作、艺术设计、建筑及风景园林等专业道路上的进步和成熟起到决定性作用。

对建筑风景水彩表现的学习，初学者首先要掌握透视及构图的基本规律，其次要掌握水彩特有的一些画法及特殊技法。

4.1 透视规律

掌握并运用透视规律是在画面上描绘建筑风景的空间关系的主要方法。建筑风景由于距离远近不同而呈现的透视现象主要为近大远小、近实远虚。形的近大远小对应的透视是线透视，线透视可分一点透视、两点透视和三点透视。由于距离造成的物体近实远虚的色彩变化称为空气透视。建筑风景水彩表现中合理运用线透视和空气透视，能够增强画面的空间感。建筑风景水彩表现中的线透视主要以一点透视与两点透视为主。

一点透视：指垂直于画面的直线有一个消失点，且画面中的形体里有一个面与画面平行的透视形式，所以也称平行透视。一点透视的最大特点是所有与画面垂直的平行线都消失在心点上（图4-1）。建筑风景水彩表现中合理运用一点透视会使画面更加稳定。

图4-1

消失点   视平线   消失点

图 4-2

两点透视：指画面中的形体线与画面成一定角度，形成左右两组消失线，共有两个消失点，也称为成角透视。消失点也有可能在画面以外。运用两点透视，画面效果比较自由、活泼，相对于一点透视更能反映建筑物的正侧两面，也更易表现出建筑物的体积感（图4-2）。

空气透视：可以理解为对象色彩的近实远虚、近明远暗、近鲜远灰等。一般而言，在建筑风景水彩的色彩表现中，用这一特性来表现画面的空间感是非常重要的表现规律。具体来讲，画面的前景色为较高纯度的色彩，画面的背景色需要减弱色彩纯度。画面当中的主体部分要运用色彩的强对比来突出。

4.2 构图规律

构图是指对画面内形与色的安排。构图就如骨骼结构，是一幅画面的骨架，更是画面最终效果的关键。绘制建筑风景水彩画时，画面里各种形的大小疏密构图围绕着一个主题表现进行，画面里的建筑风景形成有远、中、近的层次关系。

为了使创作者的构思更好地在构图中体现，建筑风景水彩画的构图还应该注意以下几个方面：

① 画幅的横向或竖向构图要根据建筑形象特征和表现意图来确定，一般情况下，高耸的建筑常用竖向构图，而横向展开的建筑群常用横向构图。如此才能更好地表现出景物的意境。

② 作为主体的建筑风景一般在画面中心周边的显要位置，有时也在接近地平线的位置，其他周围建筑风景要素偏虚化处理，画面的主从关系自然体现（图4-3）。

图 4-3

③ 在建筑风景水彩表现中，构图还有注重画面的形式美，即处理好画面中点、线、面的相互关系，以适度的线来加强画面的精致感（图4-4）。

图4-4

4.3 干画法

水、色和时间通常称为水彩画三要素。水是调和剂，它的多少直接影响水彩画的效果。色与水之间比例的变换塑造出多彩的艺术形象。时间是指色彩衔接时掌握的分寸，强调色彩衔接时的渗化效果就是湿画法。色彩衔接时保留色彩及形之间应有的界限就是干画法。

干画法是一种多层画法，即在干的颜色上再着色来绘制，不追求颜色间的渗化效果，因此在建筑风景水彩表现中运用干画法能够明晰地表达形体结构和色彩层次（图4-5）。

建筑风景水彩表现中所运用的干画法，具体有层涂法、罩色法、枯笔等画法。

层涂法：即画面先着色部分干透后，再涂另一种需要的颜色，对于涂色层数，有的地方一遍即可，也可以依照画面需要多遍层涂。需要注意，涂色不宜遍数过多，否则会造成色彩灰脏而使画面失去透明感。

图4-5

罩色法：建筑风景水彩表现中，当画面整体或局部色调显得杂乱需要调整时，整体罩上一遍颜色后，会使画面整体统一，这种干画法称为罩色法。所罩之色应以较鲜明的颜色薄涂，一遍铺过不回笔，否则带起底色会使画面色彩变脏。

枯笔：建筑风景水彩表现中，在笔头里水少色多时运笔，让画纸上出现飞白的方法。表现闪光或粗糙树干等效果时常常采用枯笔法。

运用干画法时，不要在底色未干时覆盖颜色，否则底色泛上来，与上面的颜色相混合，容易使画面变脏。

4.4 湿画法

湿画法是指在颜色未干时就衔接另一个颜色，利用颜色间的渗化效果，使两块颜色自然地互相接合的一种方法。湿画法使笔与笔之间衔接柔和，边缘滋润在建筑风景水彩表现中，常用来画远景、物体的暗部和反光等，也适宜表现光滑细腻的物体。表现雨、雾或朦胧的月光、倒影等这些特殊的气氛时也需要湿画法（图4-6）。

图4-6

建筑风景水彩表现中干画法和湿画法两种技法各有其特点。使用时要注意掌握水分的多少和下笔的时机。只用干画法作画，画面容易干涩、生硬，缺乏生动感和意境。而运用太多的湿画法，又会使画面水汽太重，缺乏力度。因此在建筑风景水彩表现中尽量将干、湿两种画法交替使用，可使画面达到最佳的效果。

4.5 水分与留白的运用

　　建筑风景水彩表现中水分的运用是掌握水彩技法的重要环节。只有充分发挥水分在画面上渗化、流动的特性，才是真正熟悉画水彩的"水性"。

　　在建筑风景水彩表现中，要实现色彩之间的自然融合，需要关注颜料的干湿程度。一般在重叠颜色时，如果笔头含水较少，含色要多，这样便于把握形体；反之，如果笔头含水较多，含色要相对偏少，这样便于色彩之间的渗透，达到水彩特有的韵味。另外，需要把握水分的运用规律，一般大面积渲染晕色用水宜多，如色块较大的天空、地面和背景，用水尽量饱满，描写局部和细节用水适当减少（图4-7）。

图4-7

图4-8

留白的运用是水彩技法最突出的特点。在建筑风景水彩表现中，画面的一些浅亮色、白色部分，需在画深一些的色彩之前留白出来。这也是由水彩颜料的浅色不能覆盖深色的透明特性决定的。在画面中准确地留白会加强画面的生动性与表现力（图4-8）。

在建筑风景水彩表现中，一些水色渗化的自然肌理效果很难直接用笔达到，这就需要运用水彩画的一些特殊技法。

4.6 撒盐法

撒盐法就是将食盐撒在水彩画中，从而使画面产生虚实变化、丰富多彩的肌理效果。具体来讲，就是在建筑风景水彩表现过程中，向画面湿润的色块上撒上食盐，食盐吸收水分，冲击颜色，画面上就会产生美丽的白色斑驳肌理效果。撒盐是水彩画常用的技法之一，与撒洗衣粉、弹水、喷水相比，效果上比较接近，但撒盐法所产生的斑驳肌理效果更具有独特而多变的特点。在画面色块非常湿润、半湿半干时分几次撒盐，会使画面产生更加丰富的虚实肌理效果，如果再将画板微微倾斜，被颜色融化后的盐水会沿着画板倾斜的方向流淌，从而增添自然流动的痕迹（图4-9）。

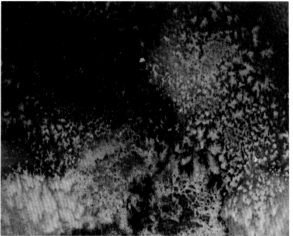

图 4-9

4.7 喷水法

      喷水法适用于表现建筑风景水彩中朦朦胧胧的景物与肌理。即用喷壶向画面未干的色块喷洒清水后,凡是色块接触清水的地方,都会产生微妙的、若隐若现的小白点肌理效果,使呆板单调的色块产生细微的变化(图4-10)。

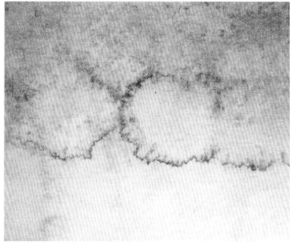

图 4-10

4.8 刮色法

　　刮色法是指在水彩作画过程中或调整阶段，用小刀在色块上刮出白色纸面的特殊技法。一般是在画面干透时刮出画面所需要的明确、硬朗的点、线，比如在建筑风景水彩画中深底色上刮出浅色的树枝、电线、高光等（图4-11）。作画过程中，也可以随时在湿润的色块上，用比较坚硬的笔杆、指甲或其他工具快速刮画出浅色来，使之与深色背景自然融合。

图4-11

4.9 擦洗法

　　擦洗法是水彩画常用的表现技法之一。它不单指擦洗掉画面画坏的地方再重新作画，还包括用笔或海绵在色块上洗出一定形状、颜色较亮的点、线条和块面。一般是在深色块上洗出亮色，显得比较柔和、自然、含蓄。根据画面需要，也可以在擦洗出的纸面上再着色，进而产生比较厚重的效果（图4-12）。

图4-12

第5章 / 建筑风景水彩画常见物象的表现技法

5.1 建筑

建筑可分为民用、工业、园林、纪念性等建筑，都由屋顶、屋檐、门窗和墙体等组合而成，包括有台阶、围栏等。在建筑水彩表现中需要建筑的透视准确，色彩、质感合理。

（1）建筑水彩画表现要点

① 透视。选择最能体现造型特征的透视角度，画准建筑屋脊线、墙脚线、门面等主要轮廓的透视线。

② 色彩。适当夸张建筑的明度、冷暖的变化，在建筑水彩表现中明确大色块的基本倾向，做到色块明暗参差呼应，再丰富建筑里小色块的细微变化。

③ 质感。建筑上有砖、石、木、土、草、玻璃、水泥或钢材等各种材料，要根据各

种材料的不同特点，来表现其质感特征。

④ 整体。在画建筑水彩之前，应了解建筑及所处环境，选择最佳角度及构图。描绘前后建筑要注意疏密关系和整体感。

（2）建筑屋顶、墙壁和门窗的画法

1）瓦的处理

建筑屋顶一般在受光处要概括，背光处要有细节。如建筑屋顶由琉璃瓦构成，因为有多种釉色，琉璃瓦的光度很强，画时要注意高光的表现。一般在表现建筑屋顶时，第一遍平涂色彩时就要留白，同时要根据屋面色彩的明暗变化，不能一片平涂。还须注意瓦的远景只画整体面积，瓦的中景暗见瓦楞，瓦的近景才要画出瓦片，即"远景见面，中景见行（略见瓦楞），近景见瓦（不需每片瓦）"。但也不必片片画出，以致呆板而无画意。在远近分别之外，还须注意环境色彩，如树木投影、天光、地面反光等环境色的影响。如阳光照耀处，因天光反射而偏蓝，受光处明度高，阴影下暗色等都要根据对象，加以灵活处理（图5-1）。

2）墙的画法

墙是建筑中支持屋顶的重要结构，它给人以厚重、坚实的感觉。一般的墙面只需大块

图5-1

平涂，细微分出明暗深浅和色彩上的变化，重要的是要表达出墙的坚实质感。

砖墙，是一种不加粉刷的墙，只在砖缝中嵌一条石灰。这种墙面的画法，可先用砖的基本色调从淡到深画一遍，然后在砖块交接处画出块状，不要刻画得过于齐整。在有反光处或隐约不清处可以不画，反而显得自然。

在山区的民居建筑，常就地取材用石块或涧内卵石建砌墙壁，石块或卵石大小不一，颇有艺术个性。这种墙壁，可先用淡色绘制块面，再把各块石块颜色分别填上，再在石与石的夹缝里用较深的颜色稍作划分，使石块更见突出。但填色必须注意色彩的调和，不可使石色各自孤立，失去画面的整体调子（图5-2）。墙与地的交界处必须要有相互的关系。如画农村的建筑墙脚处，可画些野草、碎砖，更能表现得协调自然。

3）门窗的画法

门窗是一个建筑物的组成结构。表现门窗可以画出墙壁的厚度，体现建筑物的特点。如果在一大片墙壁上，没有一个窗户，就会感到单调，能有一二个门窗就显得生动得多。一般对远景建筑物上的门窗可以省略不画，即使需要，也仅用灰蓝色点上即可。在中景中的门窗仍不作过细的描绘，只用灰性颜色画上一边，在上边用稍深的颜色画上一笔，能够说明上部暗、下部明的感觉就可以了。在近景中的门窗，则要表达清楚。如敞开的门，门

图 5-2

洞必须深暗，但也不能黑得无光，一般是上暗下明。如画玻璃窗，则须看窗内的物体透射和窗外的天光反映，不能把整个窗洞完全画满，可在个别窗格留出一些白纸本色，表示反光（图5-3）。

图5-3

5.2 天空和云

　　天空和云在风景画中占主要地位，建筑风景水彩画面里面积较大的往往是天空和云，因此它们画得好坏，会更加影响整幅画面的效果。

　　天光是仅次于阳光的第二光源。一切暴露在外的景物都会有天光的色彩。蓝天白云的晴天，天光色偏蓝，地面、水面及建筑风景的顶部等都会有偏蓝的色彩，但是接近地面的景物和物体朝向地面的部分就是暖色调的色彩，如树根、墙面与屋檐底面等的色彩（图5-4）。

图5-4

图 5-5

　　天空的云朵，以清晨与傍晚所见的更为丰富生动，带有暖黄的成分。天上的暖黄色浮云影响着地面上的物象，使它们也都有暖黄的色调（图5-5）。

　　云的形象也要遵循透视规律，一般在画面最高处的云块比下面的云块大些，并且高处云块和远处云块的色彩，也要遵循色彩透视规律。画云彩一般以湿画法为主，可以提前打湿画纸的天空位置，同时也要根据实际情形局部采用干画法。画笔上要有充足的水分。对色彩衔接的时机的把握，是特别重要的。

　　画天空的蓝色时，还要注意天空上面的蓝色较深，到下面渐渐转淡，带点青绿色，这样天空会有一种深远的感觉（图5-6）。如果是傍晚或清晨，天空的下半部，会转变为淡紫色。云亮部多于暗部，或暗部多于亮部，都与太阳光线的方向有关，画的时候要注意用明暗塑造云的体积感。

图 5-6

5.3 树木

　　树木是建筑风景水彩画中的重要素材。各类树木各有其生性和特征，例如柳树，生性宜水，所以画水边景色多画柳树；松柏生性喜干，画山石风景常见画松柏。再如杨树枝叶向上、柳树枝叶下垂、松树挺拔、柏树扭曲、灌木茂盛等。随着四季的变化，除松柏等常青植物之外，在春天大多树叶都是嫩绿的，夏季渐变浓绿，秋季又转变为黄色，到了冬季，木叶尽脱，呈现一片灰色调。

　　在画建筑风景水彩里的树木时，首先要注意画好主干，同时要表现它与地面的关系，即越靠近地面的树干颜色越淡，茂密的树叶下的树干、树枝颜色应更深。树干有时虽被叶所遮蔽，但画面亦须表达出树干与树枝的相互联系。在建筑风景水彩表现中，景有近、中、远三个层次。同样，画面中的树也要有区别。近处的树必须深入刻画，形态清楚、色彩偏暖，中景的树不必过于深入，对比不强，色彩稍冷，层次要少。远树只需略分浓淡，尽量平涂，不分枝叶，色彩偏冷。这样才能使前后分明（图5-7）。

图 5-7

图 5-8

　　灌木没有明显的主干，是呈丛生状态的比较矮小的植物。画灌木可以先画枝干，在枝干没有干时衔接画上树叶，不然会显得生硬。灌木丛也要有色彩上的深浅变化及渗化效果。画时用水要适当，用干画法画上灌木的枝条，活泼生动（图5-8）。

5.4 水景

　　建筑风景水彩画中的水景，它的色彩必须依靠天色的反光、水面上和岸边景物的倒影来表现。水景有静止、涟漪和激流等不同的形态，这些不同会在画面中表现出不同的情境（图5-9）。

（1）静水倒影的画法

　　水面平静形成静水，像镜面反射一样，岸上的景物、水里的倒影基本上大小比例一样，在形象上则是一正一反，在明暗方面，是一明一暗。对于建筑风景水彩画中的倒影，不必刻画得过于细致，水面本身的远近色彩渐变关系是主要的（图5-10）。

图 5-9

图 5-10

（2）有涟漪水的画法

对于有涟漪的水，必须先观察它的动荡规律，然后确定表现它的方法和用笔程序，沉着落笔水纹才能画得不紊乱。可先用淡色画出大体水面颜色，明处要注意留白以作为涟漪的水面反光，当半干时及时衔接暗部的颜色，笔触可以如"之"字形，表现出波光粼粼的涟漪意境（图5-11）。

（3）激流的画法

海洋的波涛、高山的飞瀑，都属于激流。表现这类对象，必须用笔奔放。外海水色偏深蓝，渐近海岸渐转蓝绿，到近岸为黄绿。水浪高处，常现浪花，画时要留白。步骤上，在第一遍色时定出块面，决定深浅，接着用浅蓝绿或淡蓝色画浪花的暗面，连接水色，再用蓝绿或蓝色着重画出具体形状（图5-12）。如飞溅的水花、白色的浪花留白不够理想时，可应用刀刮法进行调整。

图5-11

图 5-12

5.5 地面

　　地面有不同的纹理结构，不同的材料又造成了它们不同的质感和颜色，如土路、石板路、柏油路、砂石路、水泥路等。

图 5-13

（1）土质地面

在自然风景水彩画表现中，土质地面是常见物象。画土质地面时，要注意概括处理地面上的杂草、乱石，如果如实照抄，一则会失去整体色调感，二则影响主体的表达。具体用笔时，宜先从基本色调着手，然后再运用干湿画法去追求细部变化（图5-13）。地面的表现要深思熟虑、反复推敲。

（2）田野和草坪

　　麦田、稻田和草坪的画法有共同点，在自然风景水彩画表现中，首先要把握整个大面积田野或草坪同类色的深浅层次变化。其次，田野和草坪的远处应反映天空色，并且由近及远逐步减低色彩纯度，表现出田野和草坪的深远，同时增强画面的空间感（图5-14）。

图 5-14

（3）石铺路面

石铺路面也是建筑风景水彩画面中经常表现的物象。石铺路面固有色相对于土质地面、草坪地面受环境色的影响较少。画面中路面的透视变化往往借助于石缝走向来描绘，即按近大远小、近粗远细的规律来表现。路面的尽头应与周围色彩融合，形成纯度较低的灰色（图5-15）。

图5-15

要画一幅比较完美的建筑风景水彩，画者除必备一定的表现技法以外，一定要对表现对象有所感受，只有这样才会具备表现的冲动，倾注情感于画作当中（图5-16）。

图 5-16

第 6 章 / 建筑风景水彩写生示例

建筑风景水彩写生是要在画面中寻求变化，来表现建筑风景的质感、量感和空间感。其目的是要把握室外环境影响下的色彩规律，了解形成远近空间感的各种因素，掌握空间表现和意境体现的方法，丰富用色彩表现景物的技法语言，提高审美能力。

6.1 建筑风景水彩写生中的自然色彩要素

自然界色彩的构成要素，包含光源色、固有色、环境色的反射色。

光源色：是指来自阳光、月光、霞光、灯光、火光等光源显现的色彩。直射物体的光以不同的冷、暖、强、弱，给物体受光面蒙上一层光色，高光显现的是直射的光源色彩。光源色给建筑风景及其环境的色彩带来巨大影响，甚至决定了画面的色调。

固有色：是指物体、景色本来的色彩。在建筑风景水彩写生中，受光建筑面或风景要素中亮部的色彩呈固有色与光源色的混合，暗部色彩呈固有色与光源互补色的混合。

环境色：物体、局部景色面对周围空间的各个面，都含有周围物体反射的色彩，这种相互影响的色彩称为环境色。在建筑风景水彩写生中，环境色多来自包括地面的、水面的以及树木、建筑等各环境的反射色（图6-1）。

自然色彩因时间和地理因素呈现出气象、季节、地域的色彩变化。在建筑风景水彩写生中，风雨阴晴雪等气象营造出不同的气象色；春夏秋冬四季带来不同的季节色（图6-2）。

来自天空的光源色

亮部呈固有色与光源色的混合

暗部呈固有色与光源互补色的混合

来自地面的反射色

图6-1

图 6-2

6.2 建筑风景水彩写生的三个阶段

建筑风景水彩写生过程一般包括构图、着色及整理三个阶段。

（1）构图阶段

建筑风景水彩写生构图阶段，不仅要对所选景物认真地观察与分析，捕捉"第一印象"，而且还要对画面的最终效果进行理性思考与构思。这一阶段可以用铅笔完成起稿，也可以省略铅笔起稿构图，但要做到胸有成竹。

① 建筑风景水彩写生在构图阶段首先要确定视平线的位置，近、中、远景的特征，景物的取舍和虚实关系，明确构思出画面主体及各层次的衬景。

② 在构图阶段，要根据自然色彩、建筑或景物明确构思主色调。

③ 在构图阶段，还要推敲建筑风景写生中景物的轮廓线、建筑结构之间的穿插关系。对于建筑风景的色彩及肌理也要提前构思在画面中的布局。

（2）着色阶段

建筑风景水彩写生着色阶段，注意以下几方面内容。

① 抓住色彩关系的总感觉（基本调子）。

② 观察构成调子的因素，包括主体与衬景的关系，亮部与暗部精微的色彩关系，还要在画面中表现出光源的方向及色彩。仔细分析如何布局，在画面中合理运用色彩纯度对比、冷暖对比等色彩关系，塑造出景物的空间层次。

③ 根据气候、景物和角度设定着色计划，第一遍色必须敏锐准确，从大面积的背景入手，有了大体色彩形体关系即可。由于光线变化很快，上大体色时要迅速。

④ 主体物的细节要深入塑造，分别使用不同的技法来达到明度、纯度和冷暖色彩层次的精微变化（图6-3）。

图6-3

（3）整理阶段

整理阶段的调整要从画面大关系方面进行，对有的局部加强，或有的局部进行削弱。在建筑风景水彩写生精确描摹的同时，不能丧失了艺术性和主动性，要站在审美效果的高度，从大关系起，又从总体关系结束（图6-4）。

图6-4

6.3 建筑风景水彩写生步骤示例

建筑风景水彩写生步骤的一般原则是由远及近、由浅及深，这也是由颜料的透明性决定的。但各人有各人的习惯，水彩写生步骤也不是一成不变的：既可以从远景画起，也可以从近景画起；既可以从全局大体色画起，也可以从主体局部的建筑风景画起。

（1）从远景画起

写生中，如果从远景画起，应把注意力放在天、地、远景三大色块的色彩关系上。先将要湿画的天空及远景打湿（准备留白的部分不能打湿）再开始上色，这样可以使第一遍的颜色衔接没有生硬的印迹。

画远景一般将天空、远山、远树和背景连成一体画，运笔应轻松，水色饱满。这一步要注意建筑受光顶面及细部的留白，随后的中景、近景处理也是在画面略湿润的基础上进行的。

（2）从大体色画起

如果从大体色画起，一般先采用湿画法，依据总体色彩感觉粗略地涂出所有景物的色块关系，画出前景和后景的层次。接着在大色彩关系上丰富局部建筑风景色彩，刻画重点并逐一地将细节画出，最后总体调整完成。

（3）从主体物画起

建筑风景水彩写生中如果从主体物开始画起，一般采取以干画法为主、干湿结合的技法，从主体物局部推进着画，同时要有效控制流动的水色，最后对细节进一步深入整理，直至画面完成。

6.3.1　建筑水彩写生步骤示例

　　步骤一：从天空、建筑物整体画起，采用湿画法衔接色彩，先上一遍主基调，画出天空上部偏冷、下部偏暖的色彩，形成画面整体色调关系（图6-5）。

图6-5

步骤二：将画面下方的远景的山、房屋、街道统一在一个色调中进行绘制，右侧前景建筑屋檐趁天空还湿润时画，以减弱轮廓的色彩对比关系（图6-6）。

图6-6

步骤三：纸面此时稍微干燥些时，细致刻画画面的主题，即左侧前景建筑屋顶的钟楼。笔法上要灵动一些，且保证其精准的仰视透视关系，左侧前景建筑的入口应略微虚化，且要控制好画面的整体色彩关系（图6-7）。

图6-7

步骤四：继续运用干画法，深入刻画左侧前景建筑的铁艺门及栅栏，保持透视的准确，调整中景及远景，形成逐步虚化的深远意境（图6-8）。

图6-8

6.3.2 风景水彩写生步骤示例

步骤一：从大体色画起，具体来说，首先对天空整体采用湿画法，要注意的是纸面要全部打湿，先画出天空和水面的蓝色、绿色，再顺势画出天空下部暖黄色的色彩关系，形成冷暖对比（图6-9）。

图6-9

步骤二：趁天空未干透，画最远处的密林，要注意色彩疏密关系。此时的纸面没有之前那么湿润了，这时可以加入一些深色，强调一下树林的明暗关系，密林的空隙处可以用卫生纸趁湿吸干，以减弱色彩对比关系（图6-10）。

图6-10

步骤三：在中间阶段，等纸面稍微干燥些时，就可以加入一些深绿色的前排密林，同时用笔画出密林的轮廓，要生动自然，调整并区分垂直落下的水与平的水面之间的色彩对比关系（图6-11）。

图6-11

第6章　建筑风景水彩写生示例　**079**

步骤四：在最后阶段，运用干湿叠加的方法，深入刻画水纹与石头。前景深色树梢以干画塑造，按湿画衔接画面，注意笔触的疏密节奏、虚实深浅变化等因素（图6-12）

图6-12

第 7 章 / 建筑风景水彩画赏析

生于意大利的美国水彩画家约翰·辛格·萨金特（John Singer Sargent，1856—1925年）的水彩画用色大胆直接，看起来像是能自己发光。他的这张建筑水彩构图精巧，采用一点透视构图，画面的视平线位置非常低。建筑暗部色彩统一，突出了阳光照耀的意境（图7-1）。

图7-1

图7-2是英国十九世纪初期重要风景画家、浪漫主义水彩大师透纳（Joseph Mallord William Turner，1775—1851年）创作的水彩风景画。此作品天空水面浑然一体，细节的微弱色彩对比丰富着背景画面，该背景又非常明确地突出着主体帆，展现出丰富的层次。

图7-2

被评为"引起怀乡之情的写实主义"的美国当代最著名水彩画家安德鲁·怀斯（Andrew Wyeth，1917—2009年），是20世纪超级写实主义绘画的代表人物。他的这幅作品有明确的黑、白、灰的明度变化，表现出画面的清朗透彻。窗棂与地平线的多条水平线衬托出纱帘的曲线，带给人静谧之感（图7-3）。

图7-3

以下为笔者作品的分析。作品《春归觅处勃生机》，在立意阶段就把早春时节的枯树作为主体，由此将天空与地面的色彩处理得非常统一，以此突出主体树。在整体画面冷灰的大色调下，仅仅在画面左下方微微有一丝暖灰，以表现出即将来临的春天的意境（图7-4）。

图7-4

作品《晨起开门雪满山》，画面中近景树干与中景、远景的树干形成了一组由粗到细、由实到虚的序列，以此增强了画面空气感。覆盖在灌木上的大面积的雪也均衡了其他繁杂的景色，表现了空灵静怡的情调（图7-5）。

图7-5

作品《才聚静月潭》，画中潭水处理得清平如镜，正好衬托了前景的水花飞溅的动势。在色彩的表现上，远山蓝灰、中景蓝绿、前景黄绿，如此将画面层次与空间感自然地表现出来。水面偶有水波闪烁，石间生出小植物，都给予此静景以活力气息（图7-6）。

图 7-6

作品《前程锦绣》，用接近满幅的大量红色统一了画面色调。画面下部深色的马匹与汽车起到调节与稳定画面的作用。远景的湿画法与近景的干画法既形成对比又拉开了画面空间感。马车、自行车和汽车这些不同时期的交通工具和谐统一在画面当中，表现出独特的意境（图7-7）。

图7-7

参考文献

[1] 张启文.构思与构图.重庆：西南师范大学出版社，2007.

[2] 中国大百科全书编委会.中国大百科全书·美术卷.北京：中国大百科全书出版社，1991.

[3] 刘永健.水彩画创作教学.长沙：湖南美术出版社，2009.

[4] 张英洪.现代水彩画技法.成都：四川美术出版社，1991.

[5] 平龙.建筑水彩表现枝法.沈阳：辽宁美术出版社，2012.

[6] 陈飞虎.建筑画表现技法.北京：中国建筑工业出版社，2015.

[7] 叶武.色彩构成.北京：中国建筑工业出版社，2011.

[8] 叶武.建筑色彩.天津：天津人民美术出版社，2019.

[9] 叶武.建筑钢笔画.北京：化学工业出版社，2019.

[10] 陈飞虎.水彩建筑风景写生技法.北京：中国建筑工业出版社出版，2004.

[11] 黄有维.水彩画创作技法解析.天津：天津人民美术出版社，2010.